BEI GRIN MACHT SICH IHR
WISSEN BEZAHLT

- Wir veröffentlichen Ihre Hausarbeit,
  Bachelor- und Masterarbeit

- Ihr eigenes eBook und Buch -
  weltweit in allen wichtigen Shops

- Verdienen Sie an jedem Verkauf

Jetzt bei www.GRIN.com hochladen
und kostenlos publizieren

Fabian Seyffarth

Regionale Windsysteme: Land-See- und Berg-Tal-Windsysteme

GRIN Verlag

Bibliografische Information der Deutschen Nationalbibliothek:

Die Deutsche Bibliothek verzeichnet diese Publikation in der Deutschen National-
bibliografie; detaillierte bibliografische Daten sind im Internet über http://dnb.d-
nb.de/ abrufbar.

Impressum:

Copyright © 2006 GRIN Verlag, Open Publishing GmbH
Druck und Bindung: Books on Demand GmbH, Norderstedt Germany
ISBN: 978-3-640-70029-5

Dieses Buch bei GRIN:

http://www.grin.com/de/e-book/156501/regionale-windsysteme-land-see-und-berg-
tal-windsysteme

GRIN - Your knowledge has value

Der GRIN Verlag publiziert seit 1998 wissenschaftliche Arbeiten von Studenten, Hochschullehrern und anderen Akademikern als eBook und gedrucktes Buch. Die Verlagswebsite www.grin.com ist die ideale Plattform zur Veröffentlichung von Hausarbeiten, Abschlussarbeiten, wissenschaftlichen Aufsätzen, Dissertationen und Fachbüchern.

Besuchen Sie uns im Internet:

http://www.grin.com/

http://www.facebook.com/grincom

http://www.twitter.com/grin_com

RWTH Aachen

Geographisches Institut

Grundseminar physische Geographie

Sommersemester 2006

Hausarbeit

Regionale Windsysteme: Land- See und Berg- Tal-Windsysteme

Fabian Seyffarth

Studienfach: B. Sc. Angewandte Geographie

Inhaltsverzeichnis

1 Einleitung

Diese Hausarbeit befasst sich mit lokalen Windsystemen. Lokale Windsysteme beruhen meistens auf differentieller Erwärmung, die eine lokale Temperaturdifferenz zur Folge haben. (Gans, P. 2002, S.340) Solche Windsysteme können sowohl mikro- als auch mesoskalig ausgeprägt sein. Exemplarisch werden in dieser Arbeit der Land- Seewind und der Berg- Talwind erläutert. Diese beiden Systeme beruhen auf den genannten lokalen Temperaturunterschieden.

2 Das Land- Seewindsystem

2.1 Die Voraussetzungen

Das Land- Seewindsystem bezeichnet ein System der Luftzirkulation auf kleinem Raum (mikro- oder mesoskalig). Grundlegend für dieses System sind die unterschiedlichen Strahlungsbilanzen von Wasser- und Erdoberfläche. Zum ersten weist die Wasseroberfläche eine deutlich höhere Albedo auf als die Landoberfläche. Je nach Stand der Sonne kann Wasser eine Albedo von bis zu 100% haben. (vgl. Häckel, H. 1999, S.173) Das bedeutet, dass über Wasser ein höherer Anteil der Globalstrahlung direkt reflektiert wird als über Land. So erwärmt sich die Erdoberfläche deutlich schneller als die Wasseroberfläche. Zum zweiten haben Wasser und Erdboden deutlich unterschiedliche Wärmeleitfähigkeiten. Wasser gilt als guter Wärmeleiter, was dazu führt, dass Wasser die Wärme nach unten weiterleitet und weniger die Luft über der Wasseroberfläche erwärmt.

So entstehen die bereits erwähnten lokalen Temperaturunterschiede. Tagsüber ist die Luft über der Erdoberfläche bzw. der Küste wärmer als die Luft über der Wasser- bzw. Meeresoberfläche.

2.2 Die Zirkulation

Ausgangspunkt der Beschreibung der Zirkulation ist die morgentliche Dämmerung vor Sonnenaufgang. Man kann sich vorstellen, dass zu diesem Zeitpunkt über Wasser und über Land die gleichen Temperaturen herrschen. Folglich müssen sowohl die Isothermen als auch die Isobaren parallel verlaufen. Dieser Zustand wird als barotrop bezeichnet.

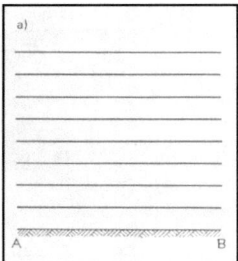

Abb.1 Isothermen und Isobaren. A: über Wasser, B: über Land. Quelle: Liljequist, G (1990).

Durch die nun folgende Einstrahlung der Sonne, erwärmt sich die Luft, wie beschrieben, über Land stärker als über dem Wasser. Die Isothermen „wölben" sich nun über dem Wasser auf.

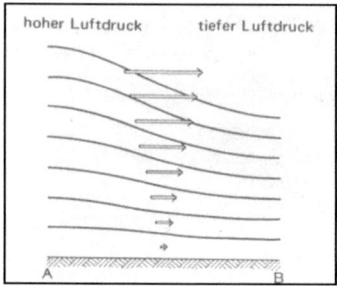

Abb.2 Isothermen: A: über Wasser, B: über Land. Quelle: Liljequist, G (1990).

Da sich die Luft bei der Erwärmung ausdehnt und aufsteigt, wölben die Isobaren sich über dem Land auf (vgl. Abb. 3). Isobaren und Isothermen verlaufen nun nicht mehr parallel, es herrscht ein barokliner Zustand.

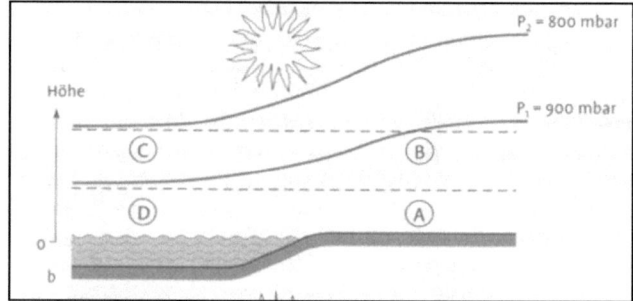

Abb.3 Isobarendarstellung. Quelle: Häckel, H. (2005).

So entsteht über dem Land ein lokales, bodennahes, thermisches Tief, relativ zum hohen Luftdruck der kälteren Luft über dem Wasser (vgl. Abb. 4).

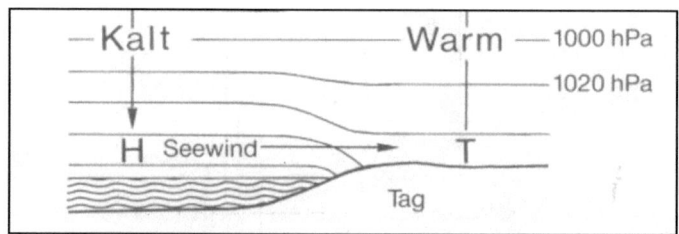

Abb.4 Isobaren und thermische Druckgebiete bei einem Land- Seewindsystem (Tagsituation).
Quelle: Goßmann, H. (1988).

3

In der Höhe führen diese Druckverhältnisse zu einem lokalen Hoch über Land und zu einem lokalen Tief über dem Wasser. Folglich entsteht eine Zirkulation mit wechselnden Hoch- und Tiefdruckgebieten (vgl. Abb. 5).

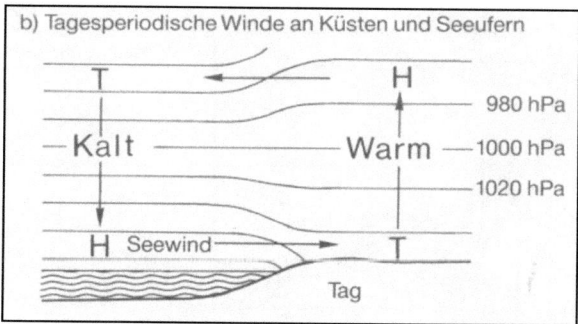

Abb.5 Isobaren und thermische Druckgebiete bei einem Land- Seewindsystem (Tagsituation).
Quelle: Goßmann, H. (1988).

Der Druckausgleich zwischen diesen Druckgebieten erfolgt, wie gewohnt, vom Hochdruck zum Tiefdruckgebiet. Folglich liegt in dieser „Tagsituation" ein Seewind vor. Also ein Wind welcher auf die Küste zuweht, auch auflandiger Wind genannt (vgl. Gossman, H., 1988, S.137 und Liljequist, G. , Cehak, K., 1990, S.240).

Diese Zirkulation führt über Land auch tendenziell zu Konvektionsbewölkung mit Niederschlag. Diese Bewölkung ist Folge der aufsteigenden Luftmassen über dem Land und der damit verbundenen adiabatischen Abkühlung (vgl. Bendix, J. 2004, S.155).

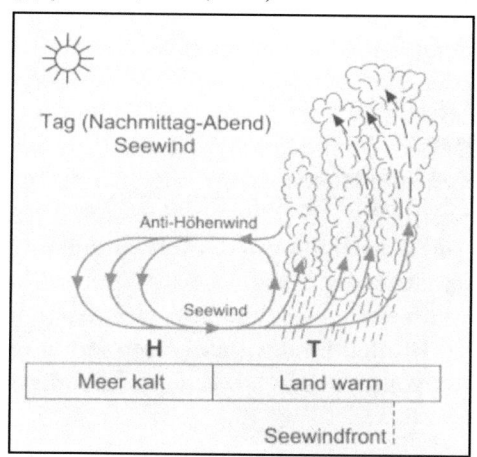

Abb.6 Schema zur Land- Seewindzirkulation. Mit Berücksichtigung auftretenden Bewölkung
Quelle: Bendix, J. (2004).

4

Über dem Meer hingegen sorgen die Absinkbewegungen der Luft für Wolkenauflösung.

Eine weitere Folge dieser Zirkulation ist die Tatsache, dass die Luft im Küstenbereich durch diesen starken Seewind über Tag wesentlich kälter ist, als die Luft nur wenige Meter landeinwärts.

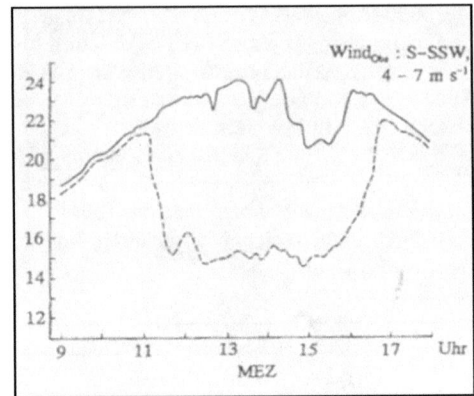

Abb.7 Temperaturverlauf am Strand (gestrichelt) und 200m Landeinwärts (durchgezogen). Am 17.05.1966, bei Zingst. Quelle: Foken, T. (2003).

So ist deutlich zu erkennen, dass die Temperaturen um die Mittagszeit am weitesten auseinander liegen. Der Unterschied beträgt hier bis zu 9°C. Dies ist die Zeit, in der der Seewind an einem wolkenlosen Tag am stärksten ausgeprägt ist. Die Zeiten in denen die Temperaturkurven nahe beieinander liegen, abends und nachts, sind geprägt von einem Landwind, also einem Wind, der vom Land auf das Wasser weht.

Dieser Landwind entsteht, da sich, mit Nachlassen der Sonneneinstrahlung, die Landfläche schnell abkühlt, wohingegen die Wasserfläche, welche über Tag viel Wärme „aufgenommen hat", als „Wärmespeicher" fungiert. Die Wasseroberfläche erwärmt nun die Luft stärker als die Landoberfläche. Beziehungsweise die Luft über dem Wasser kühlt sich nicht so schnell ab, wie die Luft über dem Land. So kommt es in der Nacht, zu einer Umkehrung der Zirkulation.

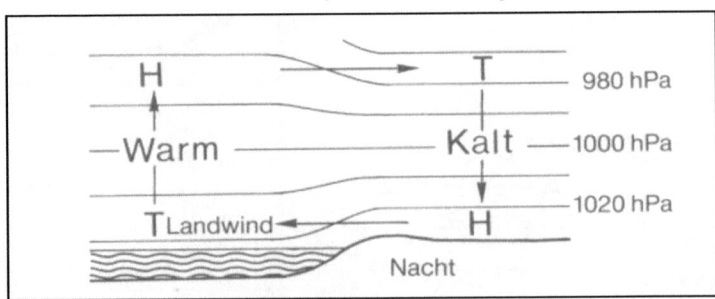

Abb.8 Isobaren und thermische Druckgebiete bei einem Land- Seewindsystem (Nachtsituation). Quelle: Goßmann, H. (1988).

5

3 Das Berg- Talwindsystem

3.1 Voraussetzung

Ein idealisiertes Berg- Talwindsystem findet an einer nach Osten exponierten Talachse statt. Diese erwärmt sich mit Sonnenaufgang im gesammten Talprofil. Aufgrund der angenommenen Symmetrie erwärmen sich beide Hänge gleich. Da sich die bodennahe Luft am schnellsten erwärmt, entsteht folgendes Temperaturprofil (Gestrichelte Linien)

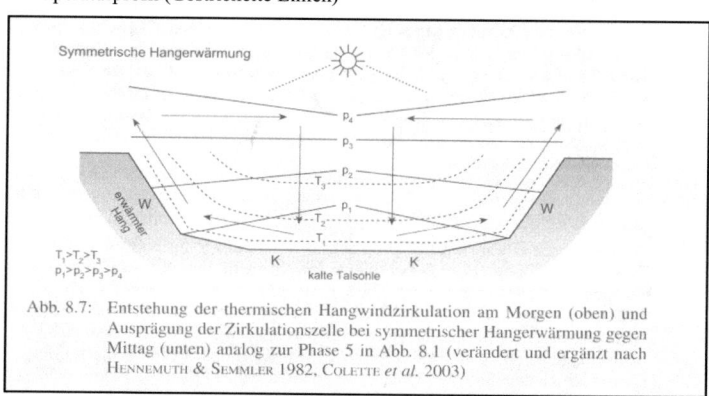

Abb. 8.7: Entstehung der thermischen Hangwindzirkulation am Morgen (oben) und Ausprägung der Zirkulationszelle bei symmetrischer Hangerwärmung gegen Mittag (unten) analog zur Phase 5 in Abb. 8.1 (verändert und ergänzt nach HENNEMUTH & SEMMLER 1982, COLETTE et al. 2003)

Abb.9 Temperaturprofil nach Sonneneinstrahlung an einem nach Osten exponiertem Tal (gestrichelte Linie). Quelle: Bendix, J. (2004).

3.2 Hangwind (Talquerzirklation)

Die Isotehrmen aus Abb.9 weisen also einen nahezu parallelen Verlauf zum Talboden auf. Betrachtet man nun die Lufttemperatur am Hang, in Kammhöhe und in gleicher Höhe in Talmitte, so sind deutliche Temperaturunterschiede zu erkennen. Die Luft über dem Hang in Kammhöhe ist deutlich wärmer als die Luft in gleicher Höhe in der freien Atmosphäre über der Talmitte. Dieser Effekt wird noch durch die Tatsache verstärkt, dass sich der flache Talboden langsamer erwärmt als die geneigten Hänge (vgl. Bendix, J. 2004, S.160ff).

Dies führt zu gravitativ bedingten Absinkbewegungen der Luft in der Talmitte und Aufstiegbewegungen an den Talhängen. Es entsteht ein Hangaufwind. Man spricht hierbei von der Hangwindzirkulation (vgl. Häckel, H., 2005, S.259).

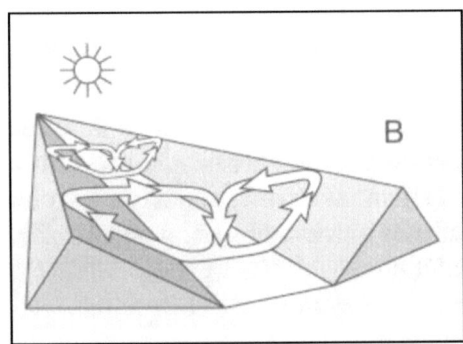

Abb.10 Hangwindzirkulation: Hangaufwind, Tagsituation. Quelle: Bendix, J. (2004).

Diese Zirkulation kehrt sich, ähnlich wie die Land- Seewindzirkulation, mit ausbleibender Sonneneinstrahlung um. So herrscht nachts ein Hangabwind.

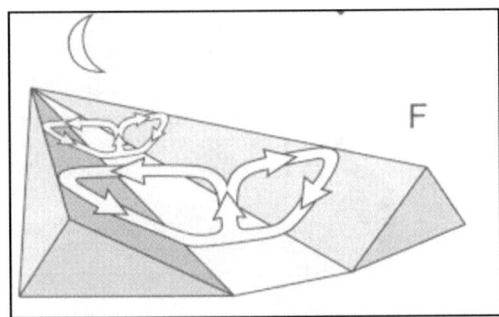

Abb.11 Hangwindzirkulation: Hangabwind, Nachtsituation. Quelle: Bendix, J. (2004).

3.3 Berg und Talwind (Tallängszirkulation)

Tagsüber herrscht ein Druckgradient zwischen Gebiergsvorland und Taleinzugsgebiet. Die Tagestemperaturamplitude ist im Tal etwa doppelt so groß, wie im Vorland (vgl. Liljequist, G. , Cehak, K., 1990, S.241). Dies ist Folge der unterschiedlichen Mengen an Luft, die erwärmt werden müssen (bzw. die sich abkühlen). Im Vorland muss eine deutlich größere Menge an Luft von der Sonneneinstrahlung erwärmt werden (vgl. Häckel, H., 2005, S.260). Dies führt dazu, dass dort die Luft im Vergleich zu der Luft im Tal relativ kälter ist. Die Menge an Luft die im Tal, vom selben Strahlungsinput erwärmt wird, ist deutlich geringer. Da Erwärmung zu Ausdehnung von Luft führt, wird der Luftdruck im Tal höher, die Isobaren liegen dort weiter auseinander als im Vorland. Es entsteht ein lokales, thermisches Hochdruckgebiet, relativ zu einem lokalen thermischen Tiefdruckgebiet im Vorland. Des weiteren gilt das Prinzip des Hangwindes auch bei Talwinden, dass

7

nämlich die bodennahe Luft der Talsohle in der Höhe wärmer ist, als die Luft in gleicher Höhe in der freien Atmosphäre (vgl. Häckel, H., 2005, S.259f).

So weht nach Sonnenaufgang ein Talwind, also ein Wind vom Vorland das Tal hinauf.

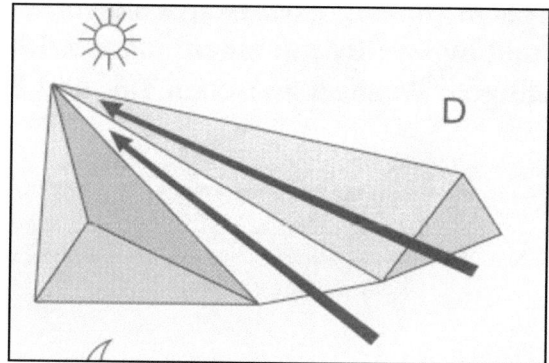

Abb.12 Talwind. Tagessituation des Berg- Talwindes. Quelle: Bendix, J. (2004).

Auch diese Situation kehrt sich mit ausbleibender Sonneneinstrahlung um. Die Luft im Tal kühlt sich schneller ab, als die Luft im Vorland. Mit ausbleiben der Sonneneinstrahlung weht ein Bergwind. Er weht das Tal herunter in das Vorland.

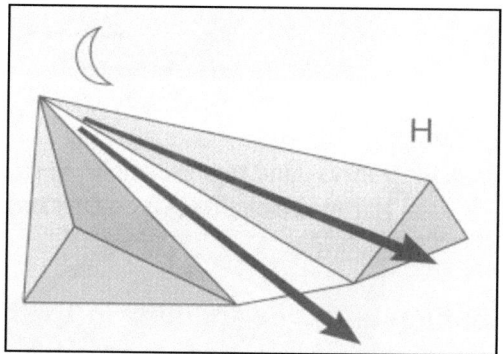

Abb.13 Bergwind. Nachtsituation des Berg- Talwindes. Quelle: Bendix, J. (2004).

Es liegen also auch hier periodisch wechselnde Windverhältnisse (wie auch bei der Hangwind- oder der Land- Seewind-Zirkulation) vor. Abb.14 zeigt wie die Luftdruckunteschiede zwischen

Taleinzugsgebiet und Vorland periodisch alternieren und welche Windverhältnisse sich daher einstellen.

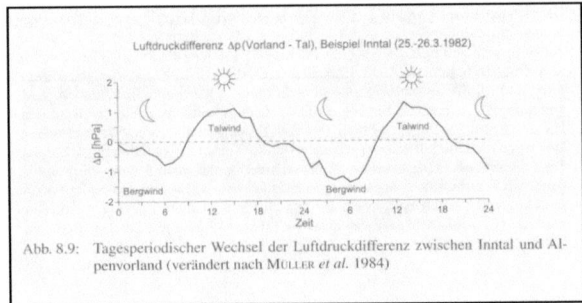

Abb.14 Lufdruckdifferen zwischen Taleizugsgebiet (Inntal) und Vorland (Alpenvorland).
Quelle: Bendix, J. (2004).

Von cirka neun Uhr bis cirka 18 Uhr ist täglich ein Talwind zu erkennen, dessen Windstärke im Zusammenhang steht, mit der Ausprägung der Luftdruckdifferenz. Man erkannt, dass die Luftdruckdifferenz um die Mittagszeit am größten ist, dies ist zugleich die Zeit der stärksten Sonneneinstrahlung, und die Zeit in der der Talwind seine maximale Ausprägung erreicht.

3.4 Das komplex Berg- Talwindsystem

Das gesamte Berg- Talwindsystem ist nun das komplex Zusammenspiel aus Tallängswind (Bergwind) und Talquerwind (Hangwind), wobei der weitaus stärkere Talwind den Hangaufwind überlagert (Tagessituation). Der Hangwind, welcher sich nur in den bodennahen Luftschichten ausprägt, wird vom Talwind förmlich mitgerissen, und ändert so auch die Windrichtung. So ist im mittleren Windfeld, also über der Talmitte, die Querzirkulation nicht mehr ausgeprägt (vgl. Bendix, J. 2004, S.166f).

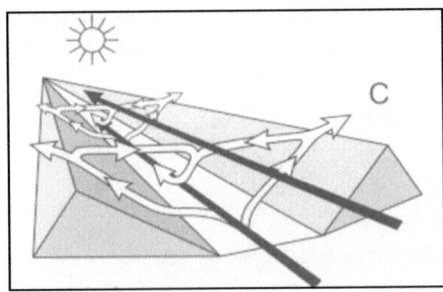

Abb.15 Vom Talwind überlagerte Talquerzirkulation. Tagsituation des komplexen Berg- Talwindsystems.
Quelle: Bendix, J. (2004).

Die komplexe Überlagerung kehrt sich nachts komplett um. Der Bergwind überlagert die hangabströmende Querzirkulation.

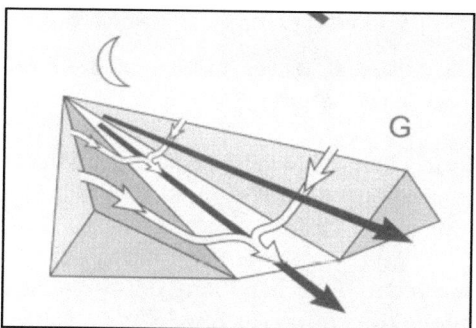

Abb.16 Vom Bergwind überlagerte Talquerzirkulation. Nachtsituation des komplexen Berg- Talwindsystems. Quelle: Bendix, J. (2004).

Aus dem Vorland betrachtet „fallen" diese kalten Winde aus den Bergen herab, man nennt sie auch Fallwinde. Diese Fallwinde entstehen also dort, wo die Abkühlung der bodennahen Luftschicht stärker ist, als die der Luftschicht in gleicher Höhe in freier Atmosphäre in Richtung des Taleinzugsgebietes (vgl. Liljequist, G. , Cehak, K., 1990, S.242).

4 Fazit

Lokale Windsysteme sind also meist die Folge der unterschiedlichen Erwärmungen der Luft, auf relativ kleinem Raum. So entstehen lokale Temperaturgefälle, welche wiederum lokale thermische Hoch- und Tiefdruckgebiete zur Folge haben. Da die Erwärmung der Luft mit dem Strahlungsinput der Sonne zusammenhängt, sind lokale Windsysteme, welche auf lokalen Temperaturunterschieden basieren, periodisch. Wie in dieser Arbeit dargestellt, wechseln diese periodischen Windsysteme ihre Windrichtung immer von Tag zu Nacht.

5 Quellenverzeichnis

Bendix, J. (2004): Geländeklimatologie. Stuttgart.

Foken, T. (2003): Angewandte Meteorologie. Heidelberg.

Gans, P. (2000): Lokalwind. In: Brunotte, E.. (Hrsg.): Lexikon der Geographie, Gast bis Ökol, Band 2, S. 340.

Goßmann, H. , Metz, B. , Nolzen H. (1988): Handbuch des Geographieunterrichts, Nolzen, H. (Hrsg.), Physische Geofaktoren. Bd. 10/I. Köln.

Häckel, H. (2005): Meteorologie. Stuttgart.

Liljequist, G., Cehak, K. (1990): Allgemeine Meteorologie. Braunschweig.